德勤企业风险 第十一辑

数据分析——让你看见价值

德勤企业风险管理服务部 编

Deloitte.
德勤

上海交通大学出版社
SHANGHAI JIAO TONG UNIVERSITY PRESS

内容提要

本书是德勤企业风险丛书的第十一辑，主要涉及数据分析领域的前沿话题。内容包括科学预测汽车残值，助力二手车及汽车租赁市场发展；利用数据分析推进银行IT风险管理标准化；云计算：为银行业发展带来创新空间；数据分析助力客户忠诚度提升；聚焦金融大数据：应用场景与方法探索；构建健康的信用生态圈大数据及信用风险建模；新常态下商业生态圈治理调查报告，等等。

本书适合企业管理人员以及相关研究人员阅读和参考。

图书在版编目（CIP）数据

数据分析：让你看见价值/ 德勤企业风险管理服务部编.
—上海：上海交通大学出版社，2016
（德勤企业风险. 第11辑）
ISBN 978-7-313-15079-0

Ⅰ.①数… Ⅱ.①德… Ⅲ.①数据处理 Ⅳ.①TP274

中国版本图书馆CIP数据核字（2016）第119978号

数据分析——让你看见价值

编　　　者：	德勤企业风险管理服务部			
出版发行：	上海交通大学出版社	地　　址：	上海市番禺路951号
邮政编码：	200030	电　　话：	021-64071208
出 版 人：	韩建民		
印　　刷：	上海锦佳印刷有限公司	经　　销：	全国新华书店
开　　本：	890mm×1240mm 1/16	印　　张：	2.25
字　　数：	44千字		
版　　次：	2016年6月第1版	印　　次：	2016年6月第1次印刷
书　　号：	ISBN 978-7-313-15079-0/TP		
定　　价：	30.00元		

不要怕，有我在

——少年必备急救技能手册

吴皓峰 主编

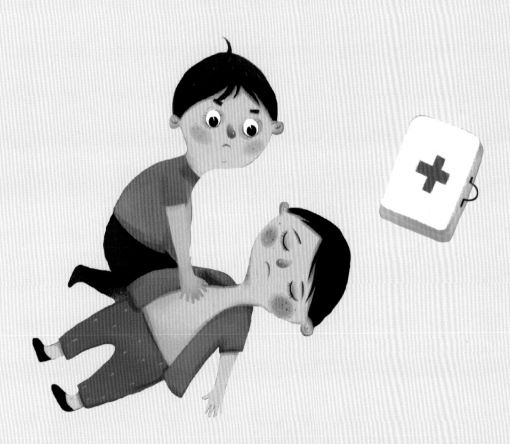

上海交通大学出版社
SHANGHAI JIAO TONG UNIVERSITY PRESS

健康小卫士—"康康"同学

我们的主人公康康同学——

　　充满朝气的脸庞上长着一双炯炯有神的大眼睛，身材强壮的他有着惊人的能量：善于洞察、发现问题，善于思考、解决问题，并不断地追求更好的自己。同时，集颜值和智慧于一身的康康，性格开朗，兴趣广泛，尤其喜欢运动。人气满满的他，被评为"全国健康小卫士"。

　　说起"康康"这个名字，父母在取名时希望他身心健康，给周围人带来阳光与快乐。人如其名，周围无论谁出现健康问题，康康都会第一时间赶到现场，并用自己掌握的知识与技能帮助大家解决问题，服务大家的安全和健康。

　　康康同学已为很多人解决了健康问题，堪称一颗冉冉升起的新星，被无数人"点赞""圈粉"。如果你也对应急、健康等知识技能感兴趣，那么我们就跟随康康的步伐，去体验他的健康之旅吧。

目 录

佩戴口罩步骤

口罩深颜色面为其外侧，内置金属条，便于佩戴后的塑形，及与面部完全贴合。

第一步

将口罩金属条向上，内侧朝向佩戴者的鼻子，用双手握住口罩两侧的挂带。

第二步

将两侧挂带钩挂于双耳处。

佩戴口罩 (场景：公交车站)

快看，车来啦！今天车上人好多呀，我们跑快一点，要不然要排很长的队了。你看，司机叔叔和乘客们都戴了口罩，正好妈妈给我多带了个口罩，这个给你，我们一起戴好上车吧。

第三步

用两手手指按压鼻梁处的金属条，使其紧贴鼻子。

第四步

将口罩上端朝上，下端朝下，拉开褶皱部分进一步塑形，使其紧贴面部。

第五步

用双手按压口罩前面进行气闭性测试。

手部卫生 (场景：郊游)

小朋友们结束了老鹰捉小鸡、跳皮筋、捉迷藏等游戏后，感到肚子有点饿了，大家都不约而同地跑到放食物的地方，扔下手里的东西就迫不及待地想去拿东西吃。

你知道吃东西之前还应该做些什么吗？

洗手步骤

第一步
在流水下洗手或取适量免洗洗手液，润湿双手。搓手步骤如下，每个步骤至少搓擦5次，双手搓擦10~15秒钟。

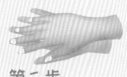

第二步
掌心相对，手指并拢互相揉搓。

第三步
手心对手背沿指缝相互揉搓，交替进行。

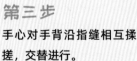

第四步
掌心相对，双手交叉沿指缝相互揉搓。

第五步
双手互握，相互揉搓指背，交替进行。

第六步
一只手握住另一手的大拇指旋转揉搓，交替进行。

第七步
五个手指尖并拢，在另一只手掌心旋转揉搓，交替进行。

第八步
一只手握住另一只手的腕部旋转揉搓，交替进行。

咳嗽礼节 (场景：课堂)

窗外大雨滂沱，小朋友们全神贯注地听着老师讲课。突然，一阵风吹进了教室，让人感觉到一阵寒意。这时，坐在靠窗的男同学突然张了张嘴、皱了皱眉头，鼻孔也开始收缩，同时身体往后仰。坐在一旁的康康似乎察觉到了什么，迅速给同桌递上一张纸巾。

你知道打喷嚏或咳嗽时应该注意的礼仪吗？

咳嗽礼节

第一步

当要咳嗽或打喷嚏时，应该用纸巾遮挡住你的嘴巴和鼻子。如果没有纸巾，也可用袖管或手臂遮挡住嘴巴和鼻子。

第二步
将使用过的纸巾丢到干垃圾桶里。

第三步
把手洗干净。

分餐 (场景：家中)

窗外爆竹声声，屋里大人们正热火朝天地准备着年夜饭，很快香喷喷的饭菜都端上了桌，碗筷也整整齐齐地摆上了桌。大家正在准备开始吃，这时康康连忙大声说："我们现在要使用公筷和公勺啦！"说着就急忙从厨房里拿出了两双公用的筷子和两个公用的大勺子放在了桌子上。

如果你在现场，你是否会使用公筷来避免唾液交叉污染呢？

为什么要分餐

原因一

分餐制是防止被诸如新型冠状病毒、幽门螺杆菌、志贺氏菌、甲型肝炎病毒等病原体感染的有效途径之一。

原因二

分餐制可以帮助人们营养均衡、防止偏食、定食定量、控制体重及减少食物浪费。

分餐步骤

第一步

准备公筷、公用餐具。

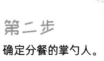

第二步

确定分餐的掌勺人。

鼻出血 (场景：游乐场)

郊游的时光总是那么快乐，小伙伴们都在游乐场里尽情玩耍。突然，前方有一位小伙伴仰起了头，他用手指摸了摸鼻子，手上很快沾满了鲜血，瞬间成为全场的焦点。

如果你在现场，你该如何对他实施急救呢？

急救流程

第一步

确认环境安全，呼喊求助；取得急救包，并穿戴好个人防护设备。

第二步

用清洁敷料（纱布）捏住患者的鼻翼，使患者头部往前倾。

第三步

如果有冰袋，可用毛巾裹住冰袋后在额头上进行冷敷。

（冰袋可选自制冰水化合物或药房采购的即时化学冰袋）

第四步

如果15分钟后血仍无法止住，出血很严重或者伤者出现呼吸困难，应及时拨打120。

烫伤 （场景：厨房）

香甜可口的蛋糕马上就要出炉了，没来得及戴上隔热手套，妈妈就迫不及待地把手伸进了烤箱，只听"啊"的一声，妈妈的手瞬间就红了一块，蛋糕也散落了一地。

这个时候应该考虑的不是蛋糕的问题，而是怎么对妈妈烫伤的双手进行急救，你知道该怎么做吗？

急救流程

第一步
确认环境安全，呼喊求助，拨打120；取得急救包，并穿戴好个人防护设备。

第二步
立即将烫伤部位放在冷水下冲洗至少10分钟，不可使用冰水。

第三步

冲洗完毕后，可用干燥、不沾皮肤的无菌敷料（纱布）覆盖住烫伤部位。

错误方法1

避免揉搓烫伤部位，以免破皮。

错误方法2

不可在烫伤部位涂抹酱油、牙膏、醋等。

绷带止血 （场景：马路）

道路千万条，安全第一条，行车不规范，亲人两行泪。一位司机开车的时候不小心撞倒了骑车的行人，使其手部鲜血直流。路人们看到这一幕都惊呆了，不知所措。

出血是我们生活中经常会遇到的一种急症，你知道如何利用纱布和绷带进行止血吗？

急救流程

第一步

确认环境安全，呼喊求助，拨打120；取得急救包，并穿戴好个人防护设备。

第二步

运用手指的平坦部分或手掌，将纱布盖在患者伤口上并按压止血。如果施救者没有穿戴手套等个人防护设备，请让伤者用纱布自行盖住伤口。

第三步

检查伤口的血是否已止住，若未止住，则在原来的纱布上覆盖更多敷料，持续加压。

第四步

伤口止血后，可以使用绷带包扎伤口处。

错误方法

纱布放置到位后又取下。

同学你别动。我随身带的急救包里正好有冰袋，我来帮你消肿！

急救流程

P：Protect（保护）
运动受伤后要注意保护患肢，切勿随意移动。

R：Rest（休息）
注意让患者好好休息。

运动损伤PRICE原则 (场景：公园)

小伙伴们相约在公园的球场里踢球。前方的一个男孩接到了一记漂亮的长传，在即将射门的一刹那，突然失去了重心，只听见"砰"的一声，他重重地摔倒在地。他捂着自己的脚踝，表情十分痛苦。

如果你在现场，该如何对他实施急救呢？

I：Ice（冰敷）
可用冰袋加包裹物进行冰敷。

C：Compression（加压）
利用弹力绷带进行加压。

E：Elevation（抬高）
抬高患肢，以利于消肿止痛。

脑卒中 （场景：路边）

日出而作，日落而息。太阳公公下山了，一辆缓慢行驶的公交车乘载着所有人的幸福。突然间，前方马路上一位老伯伯一手捂着自己的手臂，口角歪斜，颤颤巍巍，口齿不清地哀求道："请，帮帮我，我不知道发生了什么事！"

司机师傅见状立刻停下车，我们的急救小能手康康同学迅速地冲出车厢，你知道接下来他应该如何应对？

第一步

呼喊求助，拨打120；取得急救包和自动体外除颤器（简称AED）。

第二步

记录首次出现脑卒中的时间。

第三步

守候在患者身边直到医务人员赶到。

脑卒中FAST量表

F（Face）
是否感觉一侧面部无力，口角歪斜？

A（Arm）
手臂是否乏力？手臂是否能够平举？

S（Speech）
说话是否困难？言语是否含糊不清？

急救流程

第四步
如果患者失去反应并且呼吸不正常，或仅有叹息样呼吸，应立即进行心肺复苏。

T（Time）
如果上述三项有一项存在，应立即拨打急救电话120，并记住症状出现的时间。

急救流程

第一步
排除患者周围潜在的的风险，
如各类障碍物。

第二步
将毛巾折叠后垫在患者头部下方，以防止患者后
脑损伤。

癫痫 (场景：科技工厂)

科学技术是第一生产力。学校特意安排了所有学生参观某科技厂的活动。正当同学们对"中国芯""人工智能"等概念心向神往之时，其中一名同学"扑通"一声倒在了地上，开始不断地抽搐。所有人都吓坏了。

面对这种情况，你是不是也会惊慌失措？别怕，让我们的急救小能手康康来教你怎么应对。

第三步

呼喊求助，拨打120；取得急救包和AED设备。

第四步

癫痫结束后，确认患者是否有口腔出血，是否需要进行心肺复苏术。

注意！

不要往患者嘴巴里塞任何东西。

中暑 （高温导致的疾病 场景：垃圾房）

锄禾日当午，汗滴禾下土。三伏天的太阳把人晒得汗流浃背。由于天气太热，湿度太高，一位环卫工人叔叔走着走着，突然倒在了垃圾房门口。

你知道中暑的应对流程是怎样的吗？

急救流程

第一步

确认患者处所环境安全，呼喊求助，拨打120；取得急救包和AED设备，并穿戴好个人防护设备。

第二步

将患者移开至阴凉处。

第三步

尽量除去患者的衣物。

第四步

可在患者的颈部、腋下、腹股沟等
部位喷洒凉水，降低患者的体温。

第五步

如果患者可吞咽，且没有恶心、呕吐等
症状，让其喝一些含糖或电解质的饮
料。如果没有运动饮料就喝水。注意饮
料不能太凉或太热。

急救流程

第一步

确认患者所处环境安全。

第二步

确认患者有无反应（快速走到患者身边，轻拍并大声呼喊："你还好吗？"）。

成人心肺复苏  (场景：办公室)

今天是爸爸单位的开放日活动。办公室被点缀得五彩缤纷，一派喜庆的景象。突然，妈妈的一句话打破了这份喜庆，她惊慌地拉着爸爸的衣襟说道："快看，那边有个人倒下了！"

你知道怎么处理这种紧急情况吗？

第三步

如果患者没有反应，大声呼救求助并拨打120，取来急救包以及AED设备。

第四步

检查患者有无呼吸，如在大于5秒小于10秒内患者胸廓没有起伏或仅有叹息样呼吸，立刻进行心肺复苏。

急救流程

第一步

确保患者仰卧在坚硬平坦的地面上，除去患者的衣物，将一只手的掌根放在患者胸骨下半段，将另一只手叠放在这只手上方并锁住这只手。

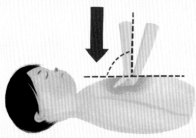

第二步

进行30次胸外按压。
（有关胸外按压后面有单独的章节讲解）

成人心肺复苏 (场景：超市)

人来人往的超市里，琳琅满目的货物让顾客们欣喜若狂，"买买买"成为实际行动而不只是口号。不过，当走到一个货架时，所有人的目光都被一个倒地不起的男子吸引了过去。在前面，我们已经知道如何判断患者是否需要进行心肺复苏术，经确认，该男子需要做心肺复苏术。

心肺复苏主要包括胸外按压和人工呼吸两部分，你知道心肺复苏术具体该如何操作吗？

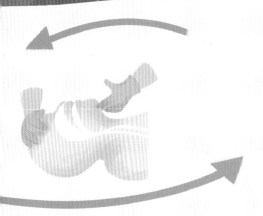

第三步

仰头举颏，打开气道。

第四步

进行2次口对口吹气。

（有关人工呼吸后面有单独章节讲解）

第五步

如果AED设备已到达，及时打开电源并使用AED设备。

婴儿心肺复苏 (场景：家中)

小丽阿姨的孩子因为吃辅食不小心把异物吸入了气道，始终没有办法把气道异物排出，现在小宝宝已经失去了意识并且停止了呼吸，需要马上为其进行心肺复苏。

你知道怎么给小宝宝（婴儿）做心肺复苏吗？

急救流程

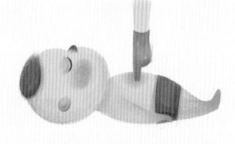

第一步

确保婴儿仰卧在坚硬平坦的地面上，除去婴儿的衣物，用一只手的2根手指进行胸外按压，将手指放在胸骨上乳头连线的正中央。

第二步

进行30次胸外按压。

第三步

打开患者气道，进行2次人工呼吸。

第四步

如果AED设备已到达，及时利用AED进行除颤。

胸外按压和人工呼吸

胸外按压

1.按压位置

成人和儿童：两乳连线中心位，胸骨下半段处。
婴儿：两乳连线中心位下缘，垂直上下位放两指（食指和中指）。

2.按压深度和频率

成人深度：5~6厘米　　成人频率：100~120次每分钟。
婴儿深度：4~5厘米　　婴儿频率：100~120次每分钟。

3.注意事项

无论是成人还是婴儿，每次按压后需等胸廓完全回弹到正常位置后再进行下一次按压。

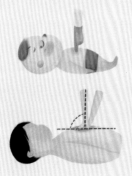 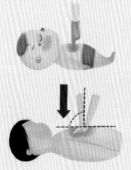 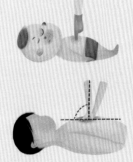

人工呼吸

1．操作方法

（1） 一只手放在患者前额，另一只手放在患者下颌骨部位，提起下颌开放气道。

（2） 捏住鼻子，嘴巴张大，用你的嘴覆盖住患者的嘴，形成一个密闭的环，正常吹气，每次吹气后看到患者胸廓有轻微隆起即证明吹气有效。

2．注意事项

（1） 每口气控制在1秒钟内完成。

（2） 如果第一次吹气不成功，那么重新打开患者气道，进行第二次吹气。

（3） 按压中断的时间不要超过10秒钟。

心脏骤停

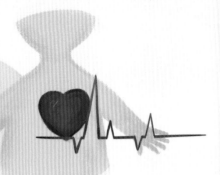

心脏骤停大多数由心室纤维颤动引起。随着患者室颤的发作，心脏会逐步丧失射血功能。

射血功能停止后，身体器官就会逐渐衰竭，而大脑缺氧则会导致脑细胞迅速死亡。

循证医学表明，心脏骤停患者开始抢救的时间应控制在4分钟内，我们将其称为"黄金4分钟"。

对心脏骤停患者的抢救，越早进行除颤，患者的生存率就越高，愈后效果也越好。

自动体外除颤器（AED）

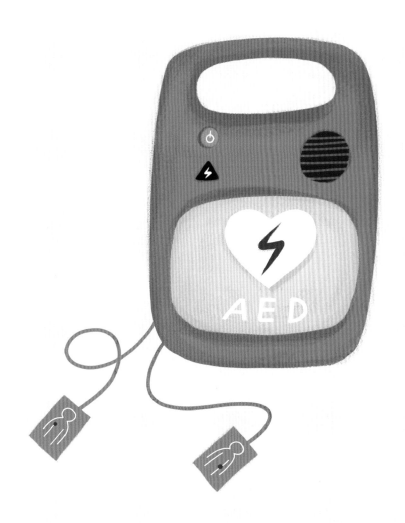

自动体外除颤器（AED）是一种内置计算机的设备，可检测需要电击治疗的异常心脏节律。通过AED给予患者心脏电击，可消除异常节律，从而使患者心律恢复正常。

AED是一种可供非医疗专业人士使用的生命急救设备，被誉为抢救心脏骤停患者的"救命神器"。

急救流程

第一步

打开AED设备的电源键，按照提示音进行操作。

第二步

按照电极片上的图示，准备黏贴电极片。

AED操作流程 (场景：地铁站)

晚高峰的地铁站总是异常忙碌，而今天的地铁站却显得比往常更加"热闹"——因为地铁站里突然有一位男士捂着胸口倒地不起。围观的群众都在议论纷纷："他会不会有事？""他是不是猝死了？"说时迟，那时快，我们的康康同学拿着随身携带的AED设备立刻对患者进行了施救。

你会像康康同学那样正确地使用AED设备来挽救生命吗？

第三步

对AED设备进行心率分析，提示所有人远离患者，确保没有人接触患者。

第四步

若AED设备提示需要电击，则按下电击按钮。

第五步

电击释放完成后，立即进行心肺复苏。

特殊情况AED设备的使用

如果使用AED设备的对象是儿童或婴儿，那么最好使用儿童/婴儿专用电极片或将AED设备调整到儿童/婴儿档位。

如果使用AED设备的对象为儿童或婴儿，而手头没有儿童/婴儿贴片，AED设备也没有儿童/婴儿档位，只有成人电极片，可使用带有成人电极片的AED设备。

对于婴儿来说，AED设备电极片的贴放位置为前胸和后背，如图所示。

如果AED设备使用的对象的体毛影响到设备感应接触，可使用安全剃刀剔除患者的体毛后再粘贴电极片；或者准备两副电极片；先用一片电极片粘除体毛，再粘贴上另一幅电极片。

如果患者身上有水渍，那么须先用干毛巾擦除患者身上的水渍后再使用AED设备。

如果患者身上有可能影响设备工作的配饰或药物贴片，须快速移掉这些物品后再使用AED设备。

急救流程

第一步

确认患者所处环境安全，呼喊求助，拨打120，取得急救包和AED自动体外除颤器，并穿戴好个人防护设备。

第二步

走到患者身后，一手握拳并将拳头的拇指侧置于患者肚脐稍上方并远离胸骨处。

成人气道梗阻 <small>(场景：宴会厅)</small>

爸爸的朋友张叔叔来家里做客了。觥筹交错间，欢声笑语不断。张叔叔一边笑一边把一颗汤圆送入嘴中。突然，他的脸色变得很难看，想说话却又说不出来，双手交叉扶着自己的脖子。对于这突如其来的变故，所有人都变得手足无措起来。

如果你在现场，你知道该怎么帮助张叔叔解除气道梗阻吗？

第三步
用另外一只手抓住握起的拳头，并快速向内上方对患者进行冲击。

第四步
重复冲击动作，直至异物被冲出且患者能够呼吸、咳嗽或讲话。

第五步
若患者失去知觉并且没有呼吸或仅有叹息样呼吸，则停止冲击，立刻实施心肺复苏术。

婴儿气道梗阻 (场景：邻居家中)

爸爸带康康去邻居小丽阿姨家做客。谈笑风生间，只见小丽阿姨的丈夫突然抱着孩子冲了出来，颤颤巍巍地说道："小……小丽，我刚给孩子喂了辅食，然后就这样了。"只见孩子四肢开始不断挥舞，一副想哭却又哭不出来的样子。

如果你在现场，你该如何采取正确的急救行动呢？

急救流程

第一步

大声呼救，让旁边的人拨打120或当地急救电话，并迅速取得急救包和AED设备。

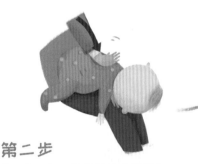

第二步

将婴儿面朝下放在前臂或大腿上，用一只手托住婴儿的头部及下颌，使头比身体低。用另外一只手的掌根拍打婴儿肩胛骨连线中心位5次。

第三步

若异物没有拍出来，则将婴儿翻转至面朝上，使头比身体低。用另外一只手的中指与食指垂直按压患儿胸骨下半段5次，每次按压深度约为4厘米且不超过5厘米。

第四步

重复步骤二和步骤三，直至婴儿可以呼吸、咳嗽或哭泣。

第五步

若婴儿失去反应且没有呼吸（超过5秒且小于10秒），则立刻实施婴儿心肺复苏。

特殊情况下气道梗阻的解除

情况一

在面对身材较为矮小的儿童气道梗阻患者时，施救者可取位患者后方，双膝跪地实施腹部冲击。

情况二

如果遇到身材高大的气道梗阻患者，可以让其坐在椅子上后进行施救。

情况三

若患者是孕妇，则应该把冲击的部位改为胸骨下半段的位置。

情况四

若患者体型较胖，施救人员无法用双手环绕患者腹部，则可将冲击位置改为胸骨下半段的位置。

后　记

　　2020 年年初， 一种陌生、 具有高度传染性的新型冠状病毒肺炎爆发， 在极短时间内席卷全国、全球， 这场"全民战役"再次为大家敲响了健康警钟。

　　一人健康是立身之本， 人民健康是立国之基。

　　每个人都是自己健康的第一责任人， 对家庭和社会都负有健康责任。 普及健康知识， 强化健康意识， 是提高全民健康水平最根本、 最经济、 最有效的措施之一。

　　根据近日国务院印发的 《健康中国行动 （2019—2030 年）》 文件要求， 教育部将牵头和卫生健康委一同落实： 把学生健康知识急救知识， 特别是心肺复苏技能纳入考试内容； 把健康知识、急救知识的掌握程度和体质健康测试情况作为学校学生评优评先、 毕业考核和升学的重要指标。

　　据此， 我们第一时间组织并联合医疗急救领域专家、 教育学家、 绘本艺术家展开跨界合作，创作了本册名为 《不要怕， 有我在——少年必备急救技能手册》 的绘本， 旨在探索出一条除传统急救知识教学普及以外的可能路径。

　　"众人拾柴火焰高"， 本绘本在制作过程中获得了许多朋友、 同事的大力支持。 绘本绘制由李敏、何灏共同负责，文字编辑由蔡癸运负责， 排版由何灏负责。 此外，佘文卿、习文、黄妙玲等在协调、通稿、 校对上付出了很多心血。 在此向他们致以最诚挚的感谢！

　　我们真诚地希望本书能够帮助您重新开启对健康、安全、幸福、可持续性等议题的审视与关注，同时也希望您能将其分享给更多有需要的人。

吴皓峰

上海悦安健康促进中心

关于我们

上海悦安健康促进中心坐落于上海市民政局局属公益新天地园内，是在国内民政部门、学界、工商界共同支持下发起成立的，并在国家民政系统注册登记，接受国家卫计委管理指导的非营利性专业健康促进组织。

使命、愿景与价值：

使命：致力于推动全民健康安全教育的全球化标准普及

愿景：消除民众因为信息不对称所导致的各类健康威胁

价值：分享、互助、协同、传播

意见反馈：

电邮：info@firstaidchina.com

电话：+86（021）51082260

网站：www.firstaidchina.com

图书在版编目 (CIP) 数据

不要怕，有我在——少年必备急救技能手册 / 吴皓峰 主编，
— 上海：上海交通大学出版社，2020
ISBN 978-7-313-23820-7

Ⅰ.①不…Ⅱ.①吴…Ⅲ.①急救 - 少儿读物 Ⅳ.① R459.7-49

中国版本图书馆 CIP 数据核字（2020）第 181062 号

不要怕，有我在——少年必备急救技能手册
BU YAO PA,YOU WO ZAI ——SHAONIAN BIBEI JIJIU JINENG SHOUCE

主　编：	吴皓峰		地　　址：	上海市番禺路 951 号
出版发行：	上海交通大学出版社		电　　话：	64071208
开　本：	889mm × 1194mm 1/16		经　　销：	全国新华书店
字　数：	44 千字		印　　张：	3
印　制：	上海盛通时代印刷有限公司			
版　次：	2020 年 12 月第 1 版		印　　次：	2020 年 12 月第 1 次印刷
书　号：	ISBN 978-7-313-23820-7			
定　价：	38.00 元